Faire des cornichons fermentés

Edwin LeFèvre

Éditions Alpha

Cette édition parue en 2023

ISBN : 9789359250649

Publié par
Writat
email : info@writat.com

Selon les informations que nous détenons, ce livre est dans le domaine public.
Ce livre est la reproduction d'un ouvrage historique important. Alpha Editions
utilise la meilleure technologie pour reproduire un travail historique de la même
manière qu'il a été publié pour la première fois afin de préserver son caractère
original. Toute marque ou numéro vu est laissé intentionnellement pour préserver
sa vraie forme.

COMMENT LE SAUMURAGE CONSERVE LES LÉGUMES

Lorsque les légumes sont placés dans de la saumure, les jus et les matières solubles qu'ils contiennent sont extraits par la force connue sous le nom d'osmose.

Le sucre fermentescible présent dans tous les fruits et légumes, qui fait partie des substances solubles extraites par action osmotique, sert de nourriture aux bactéries lactiques qui le décomposent en acide lactique et certains acides volatils. Dans certains légumes, comme les concombres et les choux, où l'apport de sucre est abondant et où d'autres conditions sont favorables à la croissance des bactéries lactiques, il se produit une formation acide prononcée, constituant une fermentation distincte. La saumure acide ainsi formée agit sur les tissus végétaux, provoquant les changements de couleur, de goût et de texture qui marquent l'état mariné.

En règle générale, une solution de sel est utilisée, bien que certains légumes perdent rapidement suffisamment d'humidité pour transformer le sel sec en saumure. Le sel durcit ou raffermit également les légumes placés en saumure et freine l'action des organismes qui pourraient autrement détruire les tissus végétaux.

Le chou se conserve bien dans sa propre saumure sous forme de choucroute. D'autres légumes et certains fruits peuvent, sous certaines conditions, être économiquement conservés par saumurage. Toutefois, en règle générale, la mise en conserve est préférable pour ces produits, car cette méthode permet de mieux préserver les valeurs alimentaires et les arômes naturels. Le manque de temps, le manque de conserves ou une offre excédentaire de matière première peuvent justifier la conservation de légumes autres que les concombres et les choux par salaison en saumure.

ÉQUIPEMENT POUR LE SAUMUMURAGE ET LE DÉCAPAGE

Les bocaux en pierre sont les récipients les plus pratiques et les plus recherchés (fig. 1) pour préparer de petites quantités de cornichons. Le grès est beaucoup plus facile à nettoyer et absorbe moins les odeurs et les saveurs désagréables que le bois. Les bocaux droits et ouverts, disponibles dans pratiquement toutes les tailles, de 1 à 20 gallons, sont les meilleurs à cet effet. Ceux utilisés pour les instructions données dans ce bulletin sont des pots de 4 gallons pouvant contenir environ 12 livres (un quart de boisseau) de concombres. Si seules de très petites quantités de cornichons sont conservées, des bouteilles à large ouverture ou des bocaux en verre feront l'affaire.

FIG. 1. — Quelques contenants adaptés aux produits saumurés maison

Les fûts ou fûts étanches sont les meilleurs pour préparer de plus grandes quantités de cornichons. Ceux utilisés pour les instructions données dans ce bulletin sont des barils contenant de 40 à 45 gallons. Ils doivent d'abord être lavés, voire carbonisés, pour éliminer toutes les odeurs et saveurs indésirables. Les arômes indésirables peuvent être éliminés en utilisant des solutions de potasse ou de soude. Une forte solution de lessive doit rester dans le fût pendant plusieurs argiles, après quoi le fût doit être soigneusement trempé et lavé à l'eau chaude jusqu'à ce que la lessive soit éliminée.

Les planches d'environ un pouce d'épaisseur constituent les meilleures couvertures. Ceux-ci peuvent être de n'importe quelle sorte de bois, à l'exception du pin jaune ou du pin rigide, qui donneraient aux cornichons une saveur indésirable. Ils doivent avoir un diamètre de 1 à 2 pouces inférieur à celui de l'intérieur du pot ou du baril, afin de pouvoir être facilement retirés. Tremper les couvertures dans de la paraffine puis les brûler avec une flamme remplit les pores du bois, ce qui rend relativement facile leur nettoyage. Des plaques épaisses de taille appropriée peuvent être utilisées à la place des planches pour couvrir les petits conteneurs.

Un chiffon blanc et propre est souvent nécessaire pour recouvrir le matériau contenu dans le pot ou le fût. Deux ou trois épaisseurs de gaze ou de mousseline, coupées en forme circulaire et d'environ 6 pouces de diamètre plus grand que l'intérieur du réceptacle, constituent un revêtement approprié. Parfois, des feuilles de vigne, de betterave ou de chou sont utilisées à cette fin. Les feuilles de vigne couvrent bien les cornichons à l'aneth et les feuilles de chou la choucroute.

En plus des bocaux, des pots ou des fûts dans lesquels les cornichons sont préparés, des bocaux en verre de 2 litres sont nécessaires pour emballer le produit fini. Si des bouchons en liège sont utilisés pour sceller de tels récipients, ils doivent d'abord être trempés dans de la paraffine chaude.

Lorsque des légumes fermentés dans une saumure faible doivent être conservés pendant une certaine période, l'air doit en être exclu. Cela peut être fait en scellant les récipients avec de la paraffine, de la cire d'abeille ou de l'huile. La paraffine, la moins chère et probablement la meilleure de ces trois substances, est facilement manipulable et facilement séparée des cornichons lorsqu'ils sont retirés des conteneurs. Pour éliminer toute saleté, la paraffine doit être chauffée et filtrée à travers plusieurs épaisseurs de gaze. Ainsi, la paraffine peut être utilisée encore et encore. La paraffine propre est fondue et versée sur la surface des cornichons en quantités suffisantes pour former, une fois durcie, une couche solide d'environ un demi-pouce d'épaisseur. Là où il y a de la vermine, des couvercles doivent être placés sur la paraffine dans les bocaux et d'autres couvercles doivent être placés sur la paraffine dans les fûts. S'il est appliqué avant l'arrêt de la fermentation active, le sceau peut être brisé par la formation de gaz sous la couche, ce qui oblige à retirer la paraffine, à la chauffer à nouveau et à la verser à nouveau sur la surface.

Dans de nombreux cas, un plan plus sûr et plus efficace pour conserver les légumes fermentés dans une saumure faible consiste à transférer le produit mariné dans des bocaux en verre dès que la fermentation est terminée et à les fermer hermétiquement.

Presque tout ce qui fournit la pression requise servira de poids pour maintenir la masse dans un bocal ou un fût. Des pierres propres (sauf calcaire) et des briques sont recommandées.

FIG. 2. — Salinomètre

Une balance de cuisine et des récipients adaptés pour déterminer la mesure du liquide sont bien entendu indispensables.

Le salinomètre, instrument permettant de mesurer la force saline d'une saumure, est très utile, bien que pas absolument nécessaire, en saumurage (fig. 1). En suivant les instructions données ici, il sera possible de fabriquer des saumures de la force requise sans utiliser cet instrument. Toutefois, les résultats peuvent être facilement vérifiés et tout changement dans la force de la saumure qui se produit de temps à autre peut être détecté à l'aide du salinomètre.

L'échelle du salinomètre est graduée en 100 degrés, ce qui indique la plage de concentration en sel entre 0°, la lecture d'une eau pure à 60° F ; et 100°, ce qui indique une solution saline saturée (26½ pour cent). Le tableau 1 (page 14) montre la relation entre les lectures du salinomètre et les pourcentages de sel.

Les salinomètres sont vendus environ 1 $ pièce par les entreprises spécialisées dans les appareils et fournitures chimiques.

Un densimètre à sucre est très utile dans tous les travaux de mise en conserve et de décapage. L'échelle Brix ou Balling peut être utilisée. Les deux se lisent directement en pourcentages de sucre dans une solution de sucre pur. Un densimètre Balling, gradué de 0° à 70°, est un instrument commode pour les essais indiqués dans ce bulletin.

FOURNITURES POUR LE SAUMUMURAGE ET LE DÉCAPAGE

SEL

Le sel de table fin n'est pas nécessaire. Ce que l'on appelle du sel fin commun, ou même des qualités plus grossières, peuvent être utilisés. Le sel aggloméré ou grumeleux ne peut pas être réparti de manière égale. Le sel auquel quelque chose a été ajouté pour empêcher l'agglomération n'est pas recommandé pour le marinage et le saumurage. Les impuretés alcalines présentes dans le sel sont particulièrement désagréables. Tout sel non agglomérant contenant moins de 1 pour cent de carbonates ou de bicarbonates de sodium, de calcium ou de magnésium peut être utilisé à cette fin.

VINAIGRE

Un bon vinaigre clair de 40 à 60 grains (4 à 6 pour cent d'acide acétique) est nécessaire pour préparer des cornichons aigres, sucrés et mélangés, et est parfois utilisé pour les cornichons à l'aneth. De nombreux fabricants de cornichons préfèrent le vinaigre distillé, car il est incolore et exempt de sédiments. Si des vinaigres de fruits sont utilisés , ils doivent d'abord être filtrés pour éliminer tous les sédiments.

SUCRE

Le sucre cristallisé doit être utilisé pour préparer des cornichons sucrés. La quantité de sucre nécessaire pour chaque gallon de vinaigre dans la fabrication des liqueurs sucrées est indiquée dans le tableau 3 (p. 15).

ÉPICES

Les épices sont utilisées dans une certaine mesure dans la fabrication de presque toutes sortes de cornichons, mais principalement pour les cornichons sucrés, mélangés et à l'aneth. Différentes combinaisons sont utilisées, selon le type de cornichons à préparer et la saveur souhaitée.

Les poivrons (noirs et de Cayenne), les clous de girofle, la cannelle, les graines de céleri, le carvi, l'aneth, la moutarde (jaune), le piment de la Jamaïque, la cardamome, les feuilles de laurier, la coriandre, le curcuma et le macis sont les principales épices entières utilisées à cet effet. Le gingembre et la racine de raifort sont parfois utilisés. Toutes ces épices peuvent être achetées en vrac et mélangées à votre guise. Les épices entières mélangées, spécialement préparées pour le marinage, vendues dans les magasins, donnent généralement satisfaction. Il faut veiller à ce qu'ils soient suffisamment résistants.

Les épices à l'huile peuvent être souhaitables dans certaines circonstances, mais leur effet n'est pas aussi durable que celui des épices entières.

Le curcuma a été très utilisé dans la préparation commerciale et domestique des cornichons. Si certaines de ses qualités lui valent d' être classée parmi les épices, elle ne se classe pas en tant que telle parmi les autres épices citées. Son emploi est largement dû à son effet supposé sur la couleur des cornichons, probablement surestimé.

L'herbe d'aneth est pratiquement toujours utilisée avec les concombres lorsqu'ils sont fermentés dans une saumure faible et souvent avec d'autres légumes fermentés de cette manière. Cela donne au cornichon une saveur distincte qui est très appréciée. L'aneth, originaire du sud de l'Europe, peut être cultivée dans presque toutes les régions des États-Unis et est généralement disponible sur les marchés des grandes villes. Bien que la tige entière de l'aneth ait une valeur aromatique, les graines sont les mieux adaptées pour conférer la saveur souhaitée. Pour cette raison , la récolte ne doit être récoltée qu'une fois que les graines sont parvenues à pleine maturité, mais pas au point de tomber. L'herbe peut être utilisée verte, séchée ou en saumure. Lorsque l'aneth vert ou en saumure est utilisé, on en prend deux fois plus en poids que ce qui serait nécessaire si l'herbe séchée était utilisée. L'aneth conserve longtemps sa saveur lorsqu'il est en saumure. Pour le conserver ainsi, il convient de le conditionner dans une saumure à 60°, ou dans une saumure à 80° s'il doit être conservé longtemps. La saumure d'aneth est aussi bonne que l'herbe pour aromatiser.

CORNICHONS DE CONCOMBRE

En raison de leur forme, de leur fermeté ou de leur qualité de conservation, certaines variétés de concombres sont mieux adaptées que d'autres à la confection de cornichons. Parmi les meilleures variétés de décapage figurent le Chicago Pickling, le Boston Pickling et le Snow's Perfection. Cependant, les concombres de pratiquement toutes les variétés, tailles et formes font de bons cornichons. [1]

[1] Des informations sur la culture des concombres, ainsi que sur les maladies et les ennemis qui les attaquent, peuvent être obtenues auprès du Département de l'Agriculture des États-Unis.

Les concombres à mariner doivent conserver entre un huitième et un quart de pouce de leur tige et ils ne doivent pas être meurtris. S'ils sont sales, ils doivent être lavés avant d'être saumurés. Ils doivent être mis en saumure au plus tard 24 heures après leur cueillette.

Les concombres contiennent environ 90 pour cent d'eau. Comme cette grande teneur en eau réduit sensiblement la concentration en sel de toute saumure dans laquelle ils sont fermentés, il est nécessaire d'ajouter un excès de sel au début d'une fermentation dans la proportion de 1 livre pour 10 livres de concombres.

La phase active de la fermentation du concombre se poursuit pendant 10 à 30 jours, en fonction largement de la température à laquelle elle est réalisée. La température la plus favorable est de 86° F.

Pratiquement tout le sucre extrait des concombres est utilisé lors de la phase de fermentation active, à la fin de laquelle la saumure atteint son plus haut degré d'acidité. Pendant cette période, la concentration en sel ne doit pas être sensiblement augmentée : car, bien que les bactéries lactiques soient assez tolérantes au sel, il y a une limite à leur tolérance. L'ajout d'une grande quantité de sel à ce moment réduirait leur pouvoir acidifiant alors même que celui-ci est indispensable au succès de la fermentation. Le sel doit donc être ajouté progressivement sur une période de plusieurs semaines.

CORNICHONS AU SEL

Les cornichons au sel, ou bouillon de sel, sont fabriqués en saumurant des concombres dans une saumure qui doit contenir au départ au moins 9,5 pour cent de sel (environ 36° sur l'échelle du salinomètre). Non seulement la saumure doit être maintenue à cette concentration, mais du sel doit également être ajouté jusqu'à ce qu'elle atteigne une concentration d'environ 15 pour cent (60° sur l'échelle du salinomètre). S'ils sont bien recouverts d'une saumure de cette force, dont la surface reste propre, les cornichons se conserveront indéfiniment.

Un bon affinage des concombres nécessite de six semaines à deux mois, voire plus, selon la température à laquelle le processus est effectué ainsi que la taille et la variété des concombres. Les tentatives visant à utiliser des raccourcis ou à préparer des cornichons pendant la nuit, comme cela est parfois conseillé, reposent sur une idée erronée de ce qui constitue réellement un cornichon.

Le séchage des concombres est marqué par une fermeté accrue, un plus grand degré de translucidité et un changement de couleur du vert pâle au vert foncé ou olive. Ces changements sont uniformes dans tout l'échantillon parfaitement durci. Tant qu'une partie d'un cornichon est blanchâtre ou opaque, elle n'est pas parfaitement séchée.

Après un traitement approprié dans l'eau, les cornichons salés peuvent être consommés tels quels ou transformés en cornichons aigres (<u>p. 7</u>), cornichons sucrés (<u>p. 8</u>) ou cornichons mélangés (<u>p. 10</u>).

PETITES QUANTITÉS

Emballez les concombres dans un pot de 4 gallons et couvrez-les de 6 litres de saumure à 10 pour cent (40° sur l'échelle du salinomètre). Au moment de préparer la saumure, ou au plus tard le lendemain, ajoutez plus de sel à raison de 1 livre pour 10 livres de concombres utilisés, dans ce cas 1 livre et 3 onces. Ceci est nécessaire pour maintenir la force de la saumure.

Couvrir d'une planche ou d'une assiette ronde qui ira à l'intérieur du pot, et par-dessus placer un poids suffisamment lourd pour maintenir les concombres bien en dessous de la surface de la saumure.

À la fin de la première semaine, et à la fin de chaque semaine suivante pendant cinq semaines, ajoutez un quart de livre de sel. En ajoutant du sel, placez-le toujours sur le couvercle. S'il est ajouté directement à la saumure, il peut couler, de sorte que la solution saline au fond sera très forte, tandis que celle près de la surface peut être si faible que les cornichons se gâteront.

Une écume, constituée généralement de levures sauvages et de moisissures, se forme à la surface. Comme cela peut s'avérer nocif en détruisant l'acidité de la saumure, retirez-la par écumage.

GRANDES QUANTITÉS

Mettez dans un tonneau 5 à 6 pouces d'une saumure à 40° (Tableau 1, p. 14) et ajoutez 1 litre de bon vinaigre. Dans cette saumure, placez les concombres au fur et à mesure qu'ils sont cueillis. Pesez les concombres à chaque fois avant de les ajouter. Placez un couvercle en bois ample sur les concombres et alourdissez-le avec une pierre suffisamment lourde pour amener la saumure sur le couvercle. Une fois le couvercle et la pierre remplacés, ajoutez à la saumure sur le couvercle 1 livre de sel pour 10 livres de concombres.

À moins que les concombres ne soient ajoutés trop rapidement, il sera inutile d'ajouter plus de saumure, car lorsqu'un poids suffisant est maintenu sur le couvercle, les concombres produisent leur propre saumure. Toutefois, si les concombres sont ajoutés rapidement ou si le fût est rempli immédiatement, davantage de saumure peut être nécessaire. Dans ce cas, ajoutez suffisamment de saumure à 40° pour recouvrir les concombres.

Lorsque le baril est plein, ajoutez 3 livres de sel chaque semaine pendant cinq semaines (15 livres pour un baril de 45 gallons). En ajoutant le sel, placez-le sur le couvercle. Ajouté de cette manière, il entre lentement en solution, assurant une saumure de force uniforme et une concentration en sel augmentant progressivement. Ainsi, le flétrissement des cornichons est évité dans une large mesure et la croissance et l'activité des bactéries lactiques ne sont pas sérieusement contrôlées.

Le brassage ou l'agitation de la saumure peut être nocif car l'introduction de bulles d'air favorise la croissance de bactéries d'altération.

De temps en temps, retirez l'écume qui se forme à la surface.

Là où les concombres sont largement cultivés pour la production de cornichons, le séchage est effectué dans de grandes cuves dans les stations de salage. Bien qu'elle implique certains détails de procédure non requis pour les quantités de barils, cette méthode de durcissement est essentiellement la même.

TRAITEMENT

Après avoir été séchés en saumure, les cornichons doivent subir un traitement dans l'eau pour éliminer l'excès de sel. S'ils doivent être utilisés comme cornichons, seul un traitement partiel est nécessaire. Si, toutefois, ils doivent être transformés en cornichons aigres, sucrés ou mélangés, le sel doit être en grande partie, mais pas complètement, éliminé. Les cornichons se conservent mieux lorsque le sel n'est pas entièrement imbibé.

En usine, le traitement s'effectue en plaçant les cornichons dans des cuves qui sont ensuite remplies d'eau et soumises à un courant de vapeur, les cornichons étant entre-temps agités. Cependant, dans la plupart des foyers, l'équipement nécessaire à un tel traitement n'est pas disponible.

Le mieux que l'on puisse faire à la maison est de placer les cornichons dans un récipient approprié, de les couvrir d'eau et de les chauffer lentement jusqu'à environ 120° F., température à laquelle ils doivent être maintenus pendant 10 à 12 heures, étant remué fréquemment. L'eau est ensuite vidée et le processus est répété, si nécessaire, jusqu'à ce que les cornichons n'aient plus qu'un goût légèrement salé.

TRI

Après traitement, les cornichons doivent être triés. Pour obtenir le produit le plus attrayant possible, les cornichons doivent avoir une taille aussi uniforme que possible. Au moins trois tailles sont reconnues : petite (2 à 3 pouces de long), moyenne (3 à 4 pouces de long) et grande (4 pouces ou plus). Seuls les petits calibres sont sélectionnés pour la mise en bouteille. Les concombres assez petits et moyens à gros sont bien adaptés à la confection de cornichons sucrés. Les plus grandes tailles peuvent être utilisées pour les cornichons aigres et à l'aneth. Les cornichons imparfaitement formés, appelés escrocs et boutons, peuvent être coupés et ajoutés à des cornichons mélangés ou à d'autres combinaisons dont les concombres font partie. Le nombre de cornichons de différentes tailles requis pour fabriquer un gallon est indiqué dans <u>le tableau 4, page 16</u> .

cornichons aigres

Une fois que les cornichons ont été suffisamment traités, égouttez-les bien et recouvrez-les immédiatement de vinaigre. Un vinaigre de 45 ou 50 grains donne généralement toute l'acidité désirable. Si toutefois on préfère des cornichons très acides, il serait bon d'utiliser d'abord un vinaigre à 45 grains, et après une semaine ou 10 jours de transférer les cornichons dans un vinaigre de la force désirée . Comme le premier vinaigre utilisé sera dans tous les cas fortement réduit en force par dilution avec la saumure contenue dans les cornichons, il faudra renouveler le vinaigre au bout de quelques semaines. Si cela n'est pas fait et que les cornichons sont conservés pendant un certain temps, ils risquent de se gâter.

Les meilleurs contenants pour les cornichons aigres sont des bocaux en pierre ou, pour de grandes quantités, des fûts ou des barils. Recouverts d'un vinaigre suffisamment concentré, les cornichons se conservent indéfiniment.

cornichons sucrés

Couvrez les concombres salés et transformés avec une liqueur sucrée obtenue en dissolvant du sucre dans du vinaigre, généralement additionnée d'épices. Selon le degré de douceur souhaité, la quantité de sucre peut varier de 4 à 10 livres par gallon de vinaigre, 6 livres par gallon donnant généralement des résultats satisfaisants. La principale difficulté dans la préparation des cornichons sucrés est leur tendance à se ratatiner et à devenir coriaces, ce qui augmente avec la concentration en sucre de la liqueur. Ce danger peut généralement être évité en recouvrant d'abord les cornichons avec un vinaigre nature de 45 à 50 grains. Après une semaine, jetez ce vinaigre, dont la force est, selon toute probabilité, considérablement réduite, et recouvrez-le d'une liqueur préparée en ajoutant 4 livres de sucre au gallon de vinaigre. Il est très important que l'acidité de la liqueur utilisée sur les cornichons soit maintenue aussi élevée que possible. Une diminution de l'acidité bien en dessous d'une concentration de 30 grains peut permettre la croissance de levures, entraînant une fermentation et une altération.

Si l'on désire une liqueur contenant plus de 4 livres de sucre par gallon, il serait préférable de ne pas dépasser cette quantité au début, mais d'ajouter progressivement du sucre jusqu'à ce que la concentration désirée soit obtenue. Un densimètre à sucre indique facilement et avec précision la concentration en sucre (p. 4). Une lecture de 42° (Brix ou Balling) indiquerait une concentration d'environ 6 livres de sucre par gallon de vinaigre. (Tableau 3, p. 15 .)

Les épices sont pratiquement toujours ajoutées à la préparation des cornichons sucrés. Cependant, l'effet d'une trop grande quantité d'épices, surtout les plus fortes, comme les poivrons et les clous de girofle, est préjudiciable. Une once d'épices entières mélangées pour 4 gallons de cornichons suffit. Comme les épices peuvent rendre le vinaigre trouble, elles doivent être retirées une fois la saveur souhaitée obtenue. Le chauffage est une aide à une meilleure utilisation de l'épice. Ajoutez la quantité requise d'épices, dans un sac en étamine, au vinaigre et laissez bouillir au maximum une demi-heure. Un chauffage trop long fait noircir le vinaigre. Si vous le jugez souhaitable, ajoutez du sucre à ce moment-là et versez-le immédiatement sur les cornichons.

Si les cornichons doivent être emballés dans des bouteilles ou des bocaux, après le traitement préalable qui peut être nécessaire, transférez-les dans ces récipients et recouvrez-les d'une liqueur préparée selon vos souhaits.

cornichons à l'aneth

La méthode de fabrication des cornichons à l'aneth diffère de celle des cornichons au sel sur deux points importants. Une saumure beaucoup plus faible est utilisée et des épices, principalement de l'aneth, sont ajoutées.

En raison de la concentration en sel plus faible, un durcissement beaucoup plus rapide a lieu. En conséquence , ils peuvent être préparés à l'emploi en environ la moitié du temps requis pour les cornichons en saumure ordinaires. Ce raccourcissement de la durée de préparation se fait cependant au détriment de la qualité de conservation du produit. C'est pourquoi il est nécessaire de recourir à des mesures permettant d'éviter la détérioration.

PETITES QUANTITÉS

Placez au fond du pot une couche d'aneth et une demi-once de mélange d'épices. Remplissez ensuite le pot, jusqu'à 2 ou 3 pouces du haut, avec des concombres lavés d'aussi près que possible la même taille. Ajoutez encore une demi-once d'épices et une couche d'aneth. C'est un bon plan de placer par-dessus une couche de feuilles de vigne. En fait, il serait bien de les placer à la fois en bas et en haut. Ils constituent un revêtement très approprié et ont un effet verdissant sur les cornichons.

Versez sur les cornichons une saumure composée comme suit : Sel, 1 livre ; vinaigre, 1 pinte ; eau, 2 gallons. N'utilisez jamais de saumure chaude au début d'une fermentation. Il y a de fortes chances que cela tue les organismes présents, empêchant ainsi la fermentation.

Couvrir d'une planche ou d'une assiette avec suffisamment de poids sur le dessus pour maintenir les concombres bien en dessous de la saumure.

Si les concombres sont emballés à une température d'environ 86° F., une fermentation active s'installera immédiatement. Celle-ci devrait être terminée en 10 jours à 2 semaines, si une température d'environ 86° F. est maintenue. L'écume qui se forme rapidement à la surface et qui est généralement constituée de levures sauvages, mais contient souvent des moisissures et des bactéries, doit être écumée.

Après l'arrêt de la fermentation active, il est nécessaire de protéger les cornichons contre la détérioration. Cela peut être fait de deux manières :

(1) Couvrir d'une couche de paraffine. Celui-ci doit être versé chaud sur la surface de la saumure ou dans la mesure où elle est exposée sur les bords du couvercle du panneau. Une fois refroidi, cela forme un revêtement solide qui scelle efficacement les cornichons.

(2) Scellez les cornichons dans des bocaux ou des canettes en verre. Dès qu'ils sont suffisamment séchés, ce qui peut être déterminé par leur saveur agréable et leur couleur vert foncé, transférez-les dans des bocaux en verre et remplissez-les soit de leur propre saumure, soit d'une saumure fraîche préparée comme indiqué. Ajoutez une petite quantité d'aneth et d'épices. Portez la saumure à ébullition et, après refroidissement à environ 160° F., versez-la sur les cornichons en remplissant les bocaux. Fermez hermétiquement les bocaux.

Le système de conservation des cornichons à l'aneth en les fermant dans des bocaux a le mérite de permettre l'utilisation d'une petite quantité sans qu'il soit nécessaire d'ouvrir et de refermer une grande quantité, comme c'est le cas lorsque les cornichons sont emballés dans de grands récipients et scellés avec de la paraffine.

GRANDES QUANTITÉS

Remplissez un tonneau de concombres. Ajoutez 6 à 8 livres d'aneth vert ou en saumure, ou la moitié de cette quantité d'aneth sec, et 1 litre d'épices mélangées. Si de l'aneth en saumure est utilisé, il est bon d'ajouter environ 2 litres de saumure d'aneth. L'aneth et les épices doivent être répartis uniformément au fond, au milieu et en haut du fût. Ajoutez également 1 gallon de bon vinaigre. [2]

[2] Cet ajout de vinaigre n'est pas indispensable, et beaucoup préfèrent ne pas l'utiliser. Cependant, dans la proportion indiquée, il est favorable à la croissance des bactéries lactiques et contribue à empêcher la croissance d'organismes d'altération. Son utilisation est donc à considérer avec faveur. Certains préfèrent omettre les épices mélangées parce qu'elles interfèrent avec la saveur distinctive de l'aneth.

Relevez la tête et, par un trou percé dans la tête, remplissez le baril avec une saumure préparée dans la proportion d'une demi-livre de sel pour un gallon d'eau. Ajoutez de la saumure jusqu'à ce qu'elle coule au-dessus de la tête et soit au niveau du haut du carillon. Maintenez ce niveau en ajoutant de la saumure de temps en temps. Retirez l'écume qui se forme rapidement à la surface.

Pendant la période de fermentation active, conserver le fût dans un endroit chaud et laisser le trou de la tête ouvert pour permettre au gaz de s'échapper. Lorsque la fermentation active est terminée, comme l'indique l'arrêt des bulles et de la mousse en surface, le fût peut être bouché hermétiquement et stocké, de préférence dans un endroit frais. Des fuites et d'autres conditions peuvent faire reculer la saumure dans un baril de cornichons à tout moment. Les barils doivent être inspectés de temps en temps et davantage de saumure ajoutée si nécessaire. Les cornichons ainsi conditionnés devraient être prêts à l'emploi dans un délai d'environ six semaines.

Lorsque les cornichons doivent être conservés pendant une longue période, une saumure à 28°, préparée en ajoutant 10 onces de sel à un gallon d'eau, doit être utilisée. Les cornichons conditionnés dans une saumure de cette force se conserveront un an, si les fûts sont conservés remplis et au frais. Le facteur important dans la conservation des cornichons conservés dans une saumure faible, comme celle que l'on utilise habituellement pour les cornichons à l'aneth, est l'exclusion de l'air. Lorsqu'il est placé dans des fûts étanches, cela est réalisé en gardant les fûts entièrement remplis de saumure.

cornichons mélangés

Les oignons, le chou-fleur, les poivrons verts, les tomates et les haricots, ainsi que les concombres, sont utilisés pour préparer des cornichons mélangés. Tous les légumes doivent d'abord être séchés en saumure.

Pour réaliser des cornichons mélangés, les très petits légumes sont de loin préférés. Si vous devez en utiliser des plus gros, coupez-les d'abord en morceaux d'une forme et d'une taille souhaitables et uniformes. Placez au fond de chaque bouteille ou pot à large goulot un peu d'épices mélangées. En remplissant la bouteille, disposez les différents types de cornichons de la manière la plus soignée et ordonnée possible. L'apparence du produit fini dépend en grande partie de la manière dont il est conditionné dans la bouteille. Ne remplissez pas complètement les bouteilles.

Si vous souhaitez des cornichons aigres, remplissez complètement les bouteilles avec un vinaigre à 45 grains. Si vous souhaitez des boissons sucrées, remplissez-les d'une liqueur obtenue en dissolvant 4 à 6 livres de sucre dans un gallon de vinaigre.

Scellez hermétiquement et étiquetez correctement.

CHOUCROUTE

Pour préparer de la choucroute à la maison, les bocaux en pierre de 4 ou 6 gallons sont considérés comme les meilleurs contenants, à moins que de grandes quantités ne soient souhaitées, auquel cas des fûts ou des barils peuvent être utilisés.

Sélectionnez uniquement des têtes de chou mûres et saines. Après avoir retiré toutes les feuilles pourries ou sales, coupez les têtes en quartiers et coupez la partie centrale. Pour le déchiquetage, l'une des machines à déchiqueter à la main que l'on peut se procurer sur le marché est de loin la meilleure, même si un coupe-salade ordinaire ou un grand couteau feront l'affaire.

Dans la fabrication de la choucroute, la fermentation s'effectue dans une saumure préparée à partir du jus du chou extrait par le sel. Une livre de sel pour 40 livres de chou constitue la force appropriée de la saumure pour produire les meilleurs résultats. Le sel peut être distribué au fur et à mesure que le chou est emballé dans le pot ou il peut être mélangé avec le chou râpé avant d'être emballé. La distribution de 2 onces de sel pour 5 livres de chou est probablement la meilleure façon d'obtenir une répartition uniforme.

Emballez le chou fermement, mais pas trop serré, dans le bocal ou le fût. Une fois plein, recouvrez d'un chiffon propre et d'une planche ou d'une assiette. Sur le couvercle, placez un poids suffisamment lourd pour faire remonter la saumure jusqu'au couvercle.

Si le pot est conservé à une température d'environ 86° F., la fermentation démarrera rapidement. Une écume se forme bientôt à la surface de la saumure. Comme cette écume a tendance à détruire l'acidité et peut affecter le chou, il convient de l'écumer de temps en temps.

Si elle est conservée à 86° F., la fermentation devrait être terminée en six à huit jours.

Une choucroute bien fermentée doit présenter une acidité normale d'environ +20, soit un pourcentage d'acide lactique de 1,8 (p. 16).

Une fois la fermentation terminée, placez la choucroute dans un endroit frais. Si le chou est fermenté tard à l'automne, ou s'il peut être conservé dans un endroit très frais, il n'est peut-être pas nécessaire de faire plus que de garder la surface écrémée et protégée des insectes, etc. ; dans le cas contraire, il faudra recourir à l'une des mesures suivantes pour éviter la détérioration :

(1) Versez une couche de paraffine chaude sur la surface, ou autant que celle exposée autour du couvercle. Correctement appliqué sur une surface propre, cela scelle efficacement le pot et protège le contenu de la contamination.

(2) Une fois la fermentation terminée, emballez la choucroute dans des bocaux en verre, en ajoutant suffisamment de saumure de « choucroute », ou une saumure faible préparée en ajoutant une once de sel à un litre d'eau, pour remplir complètement les bocaux. Fermez hermétiquement les bocaux et conservez-les dans un endroit frais.

La seconde méthode est à rapprocher de la première. La choucroute correctement fermentée et conservée de cette manière s'est conservée tout au long d'une saison en bon état. Placer les bocaux avant de les sceller dans un bain-marie et de les chauffer jusqu'à ce que le centre du bocal atteigne une température d'environ 160° F. donne une assurance supplémentaire de la bonne conservation de la « chouette ».

Dans la mise en conserve commerciale de choucroute, où les conditions et la durée de stockage ne peuvent être contrôlées, la chaleur doit toujours être utilisée.

FERMENTATION ET SALAGE DE LÉGUMES AUTRES QUE CONCOMBRES ET CHOU

Il existe trois méthodes de conservation des légumes grâce au sel :

FERMENTATION DANS UNE SAUMURE AJOUTÉE

Des expériences ont montré que les haricots verts, les tomates vertes, les betteraves, les chayotes , les melons-mangues, les cornichons, le chou-fleur et le maïs (en épi) peuvent être bien conservés dans une saumure à 10 pour cent (40° sur l'échelle du salinomètre) pendant plusieurs mois. Les poivrons et les oignons se conservent mieux dans une saumure à 80°. La saumure doit être maintenue à sa concentration d'origine par l'ajout de sel, et la surface de la saumure doit être exempte d'écume. Certains des légumes répertoriés, notamment les haricots verts et les tomates vertes, sont bien adaptés à la fermentation en saumure faible (5 pour cent de sel), auquel cas de l'aneth et d'autres épices peuvent être ajoutés. Les directives générales données pour les cornichons à l'aneth (p. 8) doivent être suivies.

FERMENTATION EN SAUMURE PRODUITE PAR SALAGE À SEC

Bien entendu, cette méthode ne peut être utilisée que pour les légumes contenant suffisamment d'eau pour fabriquer leur propre saumure. Les haricots verts, s'ils sont jeunes et tendres, peuvent être conservés de cette manière. Retirez les pointes et les ficelles et, si les cosses sont grosses, cassez-les en deux. Les haricots plus vieux, et sans doute d'autres légumes, pourraient être conservés par cette méthode s'ils étaient d'abord déchiquetés de la même manière que le chou (p. 10). Utilisez du sel égal à 3 pour cent du poids des légumes (1 once de sel pour environ 2 livres de légumes).

SALAGE SANS FERMENTATION

Il faut ajouter suffisamment de sel pour empêcher toute action bactérienne. Lavez et pesez les légumes. Mélangez-y soigneusement un quart de leur poids de sel. Si après l'ajout de pression, il n'y a pas assez de saumure pour recouvrir le produit, ajoutez de la saumure obtenue en dissolvant 1 livre de sel dans 2 litres d'eau. Dès que les bulles cessent, protégez la surface en la recouvrant de paraffine. Cette méthode est particulièrement bien adaptée aux légumes dont la teneur en sucre est trop faible pour produire une fermentation réussie, comme les blettes, les épinards et les pissenlits. Le maïs peut également être bien conservé de cette manière. Décortiquez-le et retirez la soie. Faites-le cuire dans l'eau bouillante pendant 10 minutes, pour figer le lait. Ensuite, coupez l'épi de maïs avec un couteau bien aiguisé, pesez-le et emballez-le en couches, avec un quart de son poids de sel fin.

Les méthodes de conservation décrites ne se limitent pas aux légumes. Les fruits solides, comme les pêches à noyau adhérent et les poires Kieffer, peuvent être conservés dans une saumure à 80° jusqu'à six mois. Une fois le sel trempé, ils peuvent être transformés en produits désirables en utilisant des épices, du vinaigre, du sucre, etc. Les fruits rouges, comme les pêches Elberta et les poires Bartlett, se conservent mieux dans du vinaigre faible (2 pour cent d'acide acétique). [3]

[3] Rapport d'une enquête du Bureau of Chemistry sur l'utilisation de produits en saumure, par Rhea C. Scott, 1919.

CAUSES D'ÉCHEC

cornichons mous ou glissants

Un état mou ou glissant, l'une des formes de détérioration les plus courantes dans la fabrication des cornichons, est le résultat de l'action bactérienne. Cela se produit toujours lorsque les cornichons sont exposés au-dessus de la saumure et très souvent lorsque la saumure est trop faible pour empêcher la croissance d'organismes d'altération. Pour éviter cela, gardez les cornichons bien en dessous de la saumure et la saumure à la force appropriée. Pour conserver les cornichons pendant plus de quelques semaines, une saumure doit contenir 10 pour cent de sel. Une fois que les cornichons sont devenus mous ou glissants à la suite de l'action bactérienne, aucun traitement ne les ramènera à un état normal.

cornichons creux

Des cornichons creux peuvent apparaître pendant le processus de durcissement. Cette condition ne signifie cependant pas une perte totale, car les cornichons creux peuvent être utilisés dans la fabrication de cornichons mélangés ou de certaines formes de condiments. S'il y a de bonnes raisons de croire que les cornichons creux sont le résultat d'un développement ou d'une nutrition défectueuse du concombre, il existe également une forte probabilité que des méthodes incorrectes contribuent à leur formation. L'une d'elles consiste à laisser un temps d'intervention trop long entre la collecte et le saumurage. Cette période ne doit pas dépasser 21 heures.

Les cornichons creux deviennent souvent des corps flottants. Les concombres sains, correctement séchés, ne flottent pas, mais toute condition qui diminue leur poids relatif, telle qu'une distension gazeuse, peut les faire remonter à la surface.

EFFET DE L'EAU DURE

Les eaux dites dures ne doivent pas être utilisées pour fabriquer une saumure. La présence de grandes quantités de sels de calcium et éventuellement d'autres sels présents dans de nombreuses eaux naturelles peuvent empêcher la formation appropriée d'acide, interférant ainsi avec le durcissement normal. L'ajout d'une petite quantité de vinaigre sert à vaincre l'alcalinité lorsqu'il faut utiliser de l'eau dure. S'il est présent en quantité appréciable, le fer est inacceptable, provoquant un noircissement des cornichons dans certaines conditions.

flétrissement

Le flétrissement des cornichons se produit souvent lorsqu'ils ont été placés immédiatement dans des solutions très fortes de sel ou de sucre, ou même dans des vinaigres très forts. Pour cette raison , évitez autant que possible de telles solutions. Lorsqu'une solution forte est souhaitable, les cornichons doivent d'abord subir un traitement préliminaire dans une solution plus faible. Cette difficulté est le plus souvent rencontrée lors de la réalisation de cornichons sucrés. La présence de sucre en concentrations élevées provoquera certainement un flétrissement à moins que

EFFET DE TROP DE SEL SUR LA CHOUCROUTE

La cause la plus fréquente d'échec dans la préparation de la choucroute est peut-être l'utilisation de trop de sel. La quantité appropriée est 2| pour cent en poids du chou emballé. Lorsque le chou doit être fermenté par temps très chaud, il peut être judicieux d'utiliser un peu plus de sel. Toutefois, en règle générale, ce montant ne doit pas dépasser 3 pour cent. En appliquant le sel, veillez à ce qu'il soit uniformément réparti. Les stries rouges que l'on voit parfois sur la choucroute seraient dues à une répartition inégale du sel.

EFFET DE L'ÉCUME

La détérioration des couches supérieures des légumes fermentés en saumure se produira certainement à moins que l'écume qui se forme à la surface ne soit fréquemment éliminée. Cette écume est composée de levures sauvages, de moisissures et de bactéries qui , si on les laisse rester, attaquent et décomposent les légumes en dessous. Ils peuvent également affaiblir l'acidité de la saumure, provoquant ainsi sa détérioration. Le fait que les couches supérieures soient gâtées ne signifie pas nécessairement que tout ce qui se trouve dans le conteneur est gâté. Les moisissures et autres organismes responsables de la détérioration ne parviennent pas rapidement aux couches inférieures. La partie trouvée en bon état peut souvent être sauvée en retirant soigneusement la partie endommagée du dessus, en ajoutant un peu de saumure fraîche et en versant de la paraffine chaude sur la surface.

EFFET DE LA TEMPÉRATURE

La température a une influence importante sur la réussite d'une fermentation lactique. Les bactéries essentielles à la fermentation des aliments végétaux sont plus actives à une température d'environ 86° F. et, à mesure que la température descend au-dessous de ce point, leur activité diminue en conséquence. Il est donc essentiel que les aliments soient conservés le plus près possible de 86° F. au début et pendant les étapes actives d'une fermentation. Ceci est particulièrement important dans la production de choucroute, qui est souvent préparée à la fin de l'automne ou en hiver. La fermentation peut être considérablement retardée, voire stoppée, par une température trop basse.

Une fois les étapes actives d'une fermentation passées, conservez les aliments dans un endroit frais. Les basses températures sont toujours utiles à la conservation des produits alimentaires.

AGENTS COLORANTS ET DURCISSANTS

Pour fabriquer ce que l'on considère comme un produit plus esthétique , certains ménages ont l'habitude de « verdir » les cornichons en les chauffant avec du vinaigre dans un récipient en cuivre. Des expériences ont montré que dans ce traitement il se forme de l'acétate de cuivre et que les cornichons en absorbent des quantités très appréciables. *L'acétate de cuivre est toxique.*

Par une décision du Secrétaire à l'Agriculture du 12 juillet 1912, les aliments verdis avec des sels de cuivre, qui sont tous toxiques, seront considérés comme frelatés.

L'alun est souvent utilisé dans le but vraisemblablement de rendre les cornichons fermes. L'utilisation de l'alun dans les produits alimentaires est pour le moins d'une opportunité douteuse. Si les bonnes méthodes sont suivies lors du décapage, le sel et les acides contenus dans la saumure donneront la fermeté souhaitée. L'utilisation d'alun, ou de tout autre agent durcisseur, est inutile.

TABLEAUX ET TESTS

TABLEAU 1. — *Pourcentages de sel, lectures correspondantes du salinomètre et quantité de sel requise pour préparer 6 litres de saumure*

Sel en solution	Lecture du salinomètre	Sel dans 6 litres de saumure finie
Pour cent	*Degrés*	*Onces*
1.06	4	2
2.12	8	4¼
3.18	12	6½
4.24	16	8½
5.3	20	11
7.42	28	14½
8h48	32	18
9.54	36	20
10.6	40	22½
15.9	60	35
21.2	80	48
26,5	100	64

Les chiffres donnés dans les deux premières colonnes du tableau 1 sont corrects. Ceux de la dernière colonne sont corrects dans la limite des possibilités des méthodes ménagères ordinaires. Pour préparer une saumure à partir de ce tableau, la quantité requise de sel est dissoute dans un plus petit volume d'eau et de l'eau est ajoutée pour compléter le plus possible les 6 litres requis.

Une livre de sel dissoute dans 9 pintes d'eau donne une solution avec une lecture au salinomètre de 40°, soit environ 10 % de saumure. Dans une saumure de cette force, la fermentation se déroule quelque peu lentement. Les cornichons conservés dans une saumure maintenue à cette concentration ne se gâteront pas. Une demi-livre de sel dissous dans 9 pintes d'eau donne environ une saumure à 5 pour cent, avec une lecture au salinomètre de 20°. Une saumure de cette force permet une fermentation rapide, mais les légumes conservés dans une telle saumure se gâteront en quelques semaines si l'air n'est pas exclu.

Une saumure dans laquelle flotte un œuf frais constitue une solution à environ 10 pour cent.

La fermentation se déroule assez bien dans des saumures à 40° et pourra, dans une certaine mesure au moins, atteindre 60°. A 80° toute fermentation s'arrête.

Le volume de saumure nécessaire pour recouvrir les légumes est environ la moitié du volume de la matière à fermenter. Par exemple, si un fût de 5 gallons doit être emballé, 2½ gallons de saumure sont nécessaires.

TABLEAU 2. — *Point de congélation de la saumure à différentes concentrations de sel*

Sel	Lecture du salinomètre	Température de congélation
Pour cent	*Degrés*	° *F*
5	20	25.2
dix	40	18.7
15	60	12.2
20	80	6.1
25	100	0,5

TABLEAU 3. — *Densité du sirop de sucre*

Densité	Quantité de sucre pour chaque gallon d'eau [4]	
Degrés Brix ou Balling	*Kg.*	*Ozs.*
5		7
dix		14.8
15	1	7.5
20	1	14h75
25	2	12,5
30	3	9
40	5	8h75
45	6	13
50	8	5.25

| 55 | dix | 4 |
| 60 | 12 | 8 |

[4] Lorsque du vinaigre est utilisé, la lecture équivalente de l'hydromètre à sucre serait d'environ 2 degrés supérieure à celle indiquée dans le tableau.

TABLEAU 4. — *Nombre de concombres de différentes tailles requis pour préparer un gallon de cornichons*

Taille	Variété	Nombre en gallon
1 à 2 pouces de long	Cornichons [5]	250 à 650
2 à 3 pouces de long	Petits cornichons	130 à 250
3 à 4 pouces de long	Cornichons moyens	40 à 130
4 pouces et plus	Gros cornichons	12 à 40

[5] Les petits cornichons sont généralement désignés comme cornichons. Ceux de très petite taille sont parfois appelés nains.

L'acidité maximale formée par une fermentation lactique de légumes en saumure varie de 0,25 à 2 pour cent. Le maximum est atteint à la fin ou peu après la fin de la phase active de fermentation. Après cela, l'acidité diminue généralement lentement. La phase de fermentation active se poursuit pendant une à trois semaines, selon la température, la force de la saumure, etc. Pendant cette période, du gaz se forme et de la mousse apparaît à la surface, en raison de la montée de bulles de gaz. A la fin de cette période, la saumure devient « calme ».

La quantité d'acide formée dépend principalement de la teneur en sucre des légumes fermentés, mais elle peut être influencée par d'autres facteurs.

Tremper un morceau de papier tournesol bleu (disponible en pharmacie) dans la saumure montrera si la saumure est acide. Si le papier devient rosâtre ou rouge, la saumure est acide, mais le papier tournesol ne donne pas d'indication précise sur le degré d'acidité.

Pour ceux qui veulent connaître avec précision quel est le degré d'acidité, la méthode suivante est décrite :

Avec une pipette, transférez exactement 5 centimètres cubes de saumure dans un petit plat d'évaporation. Ajoutez à cela 45 centimètres cubes d'eau distillée et 1 centimètre cube d'une solution à 0,5 pour cent de phénolphtaléine dans 50 pour cent d'alcool. Ensuite, versez lentement une solution normale d'hydrate de sodium au vingtième. Pour ce faire, il est préférable d'utiliser une burette de 25 centimètres cubes, graduée en dixièmes. Pendant que l'hydrate de sodium est ajouté, remuez constamment et notez soigneusement quand le liquide entier présente une légère teinte rose. Cela indique que le point neutre a été atteint. Lisez attentivement la quantité exacte d'hydrate de sodium nécessaire pour neutraliser le mélange dans la coupelle. Ce nombre multiplié par 0,09 donne le nombre de grammes d'acide par 100 centimètres cubes, calculé en lactique, présent dans la saumure.

Cette méthode peut être utilisée pour déterminer la force acide des vinaigres. Multipliez par 0,06 pour connaître le nombre de grammes d'acide acétique pour 100 centimètres cubes présents dans le vinaigre.

Les appareils et produits chimiques nécessaires à cet essai peuvent être obtenus auprès de toute entreprise spécialisée dans les appareils et fournitures chimiques.

www.ingramcontent.com/pod-product-compliance
Lightning Source LLC
LaVergne TN
LVHW091145180726
843490LV00008B/3213